Patrick KADJAT A TSHEY

Normas e regulamentos em geologia e indústria mineira

Patrick KADJAT A TSHEY

Normas e regulamentos em geologia e indústria mineira

Desafios, antecedentes e perspectivas para a RDC

ScienciaScripts

Imprint

Cover image: www.ingimage.com

This book is a translation from the original published under ISBN 978-620-6-70960-2.

Publisher:
Sciencia Scripts
is a trademark of
Dodo Books Indian Ocean Ltd. and OmniScriptum S.R.L publishing group

120 High Road, East Finchley, London, N2 9ED, United Kingdom
Str. Armeneasca 28/1, office 1, Chisinau MD-2012, Republic of Moldova, Europe
Managing Directors: Ieva Konstantinova, Victoria Ursu
info@omniscriptum.com

Printed at: see last page
ISBN: 978-620-8-64455-0

PREÂMBULO

Num contexto de pressão crescente sobre os recursos naturais e de desafios ambientais e sociais acrescidos, é essencial explorar as normas e os regulamentos que regem a indústria mineira, em particular na República Democrática do Congo, que é rica em recursos minerais mas enfrenta desafios complexos.

Este livro serve de instrumento para compreender a evolução das normas neste sector, desde as normas rudimentares até aos regulamentos modernos. O leitor é convidado a refletir sobre o papel fundamental das normas na ciência, nas relações humanas e na evolução da indústria.

Foi sublinhado que a aplicação de normas constitui uma alavanca estratégica para um futuro sustentável. A proposta de uma Norma Congolesa de Relatórios Mineiros (NCRM) incorpora o compromisso com a transparência científica e a integração das preocupações ambientais e comunitárias.

Ao adotar uma abordagem multidisciplinar, este livro demonstra que normas corretamente aplicadas podem transformar a indústria mineira num motor de desenvolvimento, beneficiando o país e as comunidades locais em particular. Apela ao diálogo entre o governo, as empresas e a sociedade civil para garantir que os recursos sejam explorados de forma responsável.

Em suma, este livro contribui para o debate sobre normas em geologia e na indústria mineira, convidando os leitores a considerar práticas sustentáveis que beneficiam todos.

Sr. KIANDA KIBAWA Emmanuel

Primeiro Vice-Presidente da Comissão Especial da Ordem Nacional dos Geólogos da República Democrática do Congo e Diretor Principal do Departamento de Minas do Instituto Nacional dos Geólogos da República Democrática do Congo.

Ministério Nacional das Minas da RDC.

ÍNDICE DE CONTEÚDOS

AGRADECIMENTOS

Gostaria de expressar os meus sinceros agradecimentos ao Sr. Jean-Felix MUPANDE KAPWA, Presidente da Comissão Especial da Ordem Nacional dos Géologues da República Democrática do Congo (OGRDC), e ao Dr. Yvon NDALA TSHIWISA, Secretário Permanente da mesma Comissão, pelo seu apoio.

Gostaria também de agradecer calorosamente à minha mulher, Jynette MWAMBA TSHEY, pelo seu apoio infalível na preparação deste livro.

Por último, gostaria de expressar a minha profunda gratidão a Emmanuel KIANDA KIBAWA, cujo prefácio enriquece este trabalho com a sua perspetiva esclarecida e o seu generoso apoio.

INTRODUÇÃO

Num mundo em que os recursos naturais são simultaneamente um bem precioso e uma potencial fonte de conflito, a necessidade de uma gestão responsável e ética das actividades de exploração e extração mineira nunca foi tão premente. As normas, sejam elas sociais, ambientais ou técnicas, são elementos cruciais para enquadrar estas actividades e garantir que são realizadas de forma sustentável. Este livro explora o tema das normas em geologia e mineração, destacando o seu papel fundamental na regulamentação, proteção dos trabalhadores, preservação ambiental e desenvolvimento socioeconómico.

Através de uma análise rica da evolução histórica das normas, da sua aplicação a nível internacional e nacional e das normas específicas da indústria mineira, examinamos a forma como estas prescrições moldam as práticas e influenciam as percepções do sector. Desde a importância das normas ISO até aos desafios colocados pela transparência na declaração dos recursos minerais, cada capítulo tem como objetivo esclarecer as muitas facetas de um sistema de normas complexo.

Centrando-nos na República Democrática do Congo, um país rico em recursos, mas que enfrenta desafios significativos, destacaremos a necessidade urgente de harmonizar as normas de declaração e de apresentação de relatórios no sector mineiro. Analisaremos de que forma o estabelecimento de um quadro normativo, apoiado pela Ordre National des Géologues de la République Démocratique du Congo (OGRDC), como a Norme Congolaise de Reporting Minier (NCRM), poderia aumentar a confiança dos investidores e garantir uma gestão ética e responsável dos recursos.

Este livro defende uma abordagem integrada que reconheça a importância das normas como alavancas estratégicas para apoiar uma atividade mineira sustentável e responsável. Longe de serem meras restrições regulamentares, oferecem oportunidades para promover a sustentabilidade, a responsabilidade social e a integridade na indústria, contribuindo simultaneamente para a prosperidade socioeconómica das comunidades locais. Nesta exploração, convidamos o leitor a examinar as questões complexas que envolvem a regulamentação mineira e a considerar soluções inovadoras para os desafios actuais.

CAPÍTULO 1

PADRÃO

A noção de norma é um conceito rico e multifacetado, fundamental para a regulação das interações humanas, a organização dos comportamentos e a definição de padrões de qualidade, seja no domínio social, jurídico, técnico ou científico. Uma norma pode ser definida como uma regra, um critério ou um padrão que regula o comportamento, as acções ou os produtos numa sociedade ou num domínio específico. Serve de referência para avaliar o que é considerado aceitável, desejável ou conforme para um determinado grupo. Como quadro de referência, as normas não só determinam as expectativas de conduta pessoal e profissional, mas também apoiam a estrutura e a coesão de uma comunidade.

1.1. Tipos de normas

1.1.1.Normas Sociais

As normas sociais englobam as regras implícitas ou explícitas que orientam o comportamento dos indivíduos numa determinada sociedade. Estão muitas vezes profundamente enraizadas na cultura, nas tradições e nos valores partilhados e regulam uma série de actividades que vão desde o estilo de vida à comunicação e às relações interpessoais. Entre os exemplos contam-se o comportamento educado, o respeito pelos mais velhos e os códigos de vestuário. O não cumprimento destas normas pode resultar em estigma social, que vai desde a desaprovação passiva até sanções activas, como a exclusão ou a rejeição.

1.1.2.Normas jurídicas

As normas jurídicas, por outro lado, são regras estabelecidas pelas autoridades competentes, como os governos, as autoridades locais e outras instituições oficiais. Regem o comportamento dos cidadãos e das instituições através de leis, regulamentos e decretos. Estas normas são frequentemente o resultado de processos legislativos rigorosos, nos quais o debate público e os conhecimentos jurídicos desempenham um papel crucial. O incumprimento das normas jurídicas pode ter consequências significativas, como coimas, prisão ou outras sanções legais, o que sublinha a sua importância para a manutenção da ordem pública.

1.1.3. Técnicas de normalização

As normas técnicas são especificações elaboradas para definir os requisitos de segurança, qualidade e eficácia dos produtos ou processos. Estas normas garantem a compatibilidade necessária entre diferentes sistemas e asseguram um nível mínimo de qualidade. Por exemplo, as normas ISO (Organização Internacional de Normalização) estabelecem padrões internacionais em vários domínios, enquanto as normas CE (Conformité Européenne) garantem que os produtos cumprem os requisitos de segurança da União Europeia. A aplicação destas normas é muitas vezes indispensável para garantir a confiança dos consumidores e a segurança dos utilizadores.

1.1.4. Normas científicas

Em ciência, as normas são critérios estabelecidos para garantir o rigor da investigação, da experimentação e da validação dos resultados, sendo fundamentais para assegurar a reprodutibilidade e a credibilidade dos resultados científicos. Protocolos experimentais rigorosos, normas éticas de investigação e diretrizes de segurança e saúde laboratorial são exemplos concretos. Para que um estudo seja validado pelos seus pares, os investigadores têm frequentemente de cumprir normas rigorosas, o que reforça a credibilidade e a integridade da investigação científica.

1.2. Caraterísticas das normas

As normas têm várias caraterísticas essenciais que as tornam simultaneamente fundamentais e complexas. Em primeiro lugar, a sua natureza institucionalizada significa que estão frequentemente integradas na própria estrutura de uma sociedade ou organização, tornando-se pontos de referência constantes nas operações quotidianas. Além disso, o incumprimento das normas conduz frequentemente a uma série de sanções, que vão desde a desaprovação social, no caso das normas sociais, até aos processos judiciais, no caso das normas jurídicas.

As normas não são estáticas; evoluem ao longo do tempo, influenciadas por mudanças culturais, sociais e tecnológicas. Este dinamismo permite-lhes adaptarem-se a novas realidades e desafios societais. Por último, algumas normas são universais, como os direitos humanos, enquanto outras são contextuais ou específicas de um determinado grupo. Esta variabilidade exige uma análise crítica para compreender em que medida devem ser aplicadas em diferentes contextos.

1.3. Estabelecimento de normas

As normas podem ser estabelecidas por vários meios. No caso das normas sociais e técnicas, o consenso entre as partes interessadas, como a sociedade civil e os profissionais em causa, é frequentemente a base para a sua aceitação. Isto implica discussões aprofundadas, negociações e, por vezes, os compromissos necessários para encontrar um terreno comum.
No caso das normas jurídicas, são utilizados processos formais como sessões legislativas, decretos ou referendos para as estabelecer, muitas vezes acompanhados de debate público e de conhecimentos jurídicos especializados. No domínio científico, as normas são estabelecidas principalmente através de práticas de investigação rigorosas e da validação pelos pares. Este processo garante que as normas adoptadas se baseiam em fundamentos empíricos sólidos, o que é essencial para a credibilidade e integridade das normas científicas.

1.4. Questões associadas às normas

O conceito de normas suscita questões e debates importantes. Por um lado, existe uma tensão entre flexibilidade e rigidez: há quem defenda que normas demasiado rígidas impedem a inovação e a criatividade, enquanto outros consideram que são essenciais para manter a ordem, a segurança e o respeito na sociedade. Por outro lado, a questão das normas culturais versus normas universais é objeto de um vivo debate, nomeadamente no domínio dos direitos. Este debate levanta questões não só sobre a integridade e a diversidade culturais, mas também sobre o respeito pelos indivíduos e pelas comunidades aquando da aplicação destas normas.
Em suma, a noção de norma é um conceito fundamental que regula e estrutura a interação humana em diversos domínios. Quer sejam sociais, jurídicas, técnicas ou científicas, as normas desempenham um papel crucial no estabelecimento de padrões de conduta e de qualidade, garantindo assim a coesão e a ordem nas sociedades. A sua diversidade e complexidade reflectem a riqueza das dinâmicas sociais e os desafios contemporâneos que se colocam aos indivíduos e às instituições.
Enquanto elementos dinâmicos, as normas não são estáticas; evoluem em resposta às mudanças culturais, tecnológicas e sociais. Esta adaptabilidade sublinha a importância da análise crítica e do diálogo permanente para a compreensão e a aplicação destas regras numa variedade de contextos. As questões associadas às normas, em particular a tensão entre flexibilidade e rigidez e o debate sobre a universalidade versus especificidade cultural, exigem

uma reflexão aprofundada sobre a forma como definimos e cumprimos estas normas.

Assim, seja através do prisma das normas sociais, jurídicas, técnicas ou científicas, é imperativo reconhecer e apreciar o seu impacto na nossa vida quotidiana e no funcionamento das sociedades. Em última análise, as normas, embora sejam instrumentos de regulação, devem também servir como catalisadores de mudanças positivas e de progresso, respeitando a diversidade e a riqueza da experiência humana.

CAPÍTULO 2

NORMAS HISTÓRICAS EM MATÉRIA DE EXPLORAÇÃO MINEIRA E GEOLOGIA

A história das normas de prospeção geológica e de geologia mineira está profundamente enraizada na evolução das sociedades humanas. Enquanto atividade essencial, a prospeção e a exploração dos recursos naturais não só moldaram as civilizações, como também tiveram implicações sociais, económicas e ambientais consideráveis. Este capítulo traça o desenvolvimento histórico das normas que orientaram estas práticas, destacando simultaneamente os desenvolvimentos científicos e sociais que influenciaram a sua formulação.

2.1. Origens pré-históricas

2.1.1. Descobertas Primitivas

As primeiras tentativas de exploração geológica remontam à pré-história. As sociedades humanas descobriram minerais e metais preciosos, como o cobre, o ouro e a prata, que utilizaram para fabricar ferramentas, armas e objectos de adorno. Estes recursos foram essenciais para a sobrevivência e o desenvolvimento das primeiras civilizações. As técnicas de extração eram rudimentares, baseadas em conhecimentos empíricos e práticas tradicionais.

2.1.2. Rumo a uma prática sistemática

Com o aparecimento das civilizações, nomeadamente na Mesopotâmia, no Egito e no vale do Indo, as práticas de exploração começaram a tomar forma. Os antigos egípcios, por exemplo, desenvolveram uma extração mais sofisticada de pedras e metais preciosos, lançando as bases para métodos de exploração mais sistemáticos. Este período marcou o início de uma interação mais organizada entre o homem e o seu ambiente geológico.

2.2. A evolução da Geologia como ciência

2.2.1. Os primeiros sistemas de classificação

Ao longo dos séculos, a geologia evoluiu gradualmente para uma ciência. O trabalho de pensadores como Aristóteles e, mais tarde, de geólogos como Georges-Louis Leclerc, Comte de Buffon, contribuiu para a nossa compreensão das formações geológicas. Os primeiros mapas geológicos, elaborados no século XVIII, forneceram ferramentas visuais para a exploração dos recursos naturais, abrindo caminho a práticas mais metódicas.

2.2.2. A Revolução Industrial e as suas implicações

A Revolução Industrial do século XIX alterou radicalmente as práticas mineiras. O desenvolvimento de maquinaria permitiu uma extração em grande escala e mais eficiente. No entanto, este facto conduziu também a problemas de segurança dos trabalhadores e à degradação do ambiente. As consequências destas práticas deram origem a uma preocupação crescente no seio das empresas, levando a apelos à regulamentação.

2.3. O reconhecimento de normas nos anos 1960

2.3.1. O aparecimento de normas de segurança

A importância das normas de geologia mineira começou a tomar forma na década de 1960. Os conflitos em torno da gestão dos recursos, exacerbados por trágicos acidentes mineiros, evidenciaram a necessidade de normas de segurança para proteger os trabalhadores. Organizações como a Organização Internacional do Trabalho (OIT) começaram a elaborar recomendações para melhorar as condições de trabalho no sector mineiro.

2.3.2. Responsabilidade social das empresas

Ao mesmo tempo, a consciência dos impactos sociais das actividades mineiras levou a um reconhecimento crescente da responsabilidade social das empresas. As empresas mineiras começaram a ser responsabilizadas pelos efeitos das suas actividades nas comunidades envolventes, abrindo caminho a normas éticas e de sustentabilidade.

2.4. A emergência de normas ambientais

2.4.1. Os anos 80 e 90: Consciência ecológica

As preocupações ambientais intensificaram-se nas décadas de 1980 e 1990. Os relatórios sobre os impactos negativos da atividade mineira nos ecossistemas e nas comunidades locais conduziram a uma mobilização global. Conferências como a Declaração do Rio, em 1992, formalizaram compromissos internacionais para práticas mineiras sustentáveis.

2.4.2. Adoção de normas ambientais

Este período assistiu também ao aparecimento de normas ambientais específicas. Iniciativas como a ISO 14001, que promove sistemas de gestão ambiental, foram adoptadas por muitas empresas mineiras, marcando um passo no sentido de uma gestão responsável dos recursos.

2.5. A era contemporânea: Globalização e Normas Internacionais

2.5.1. Harmonização das práticas

Com a globalização, os mercados mineiros tornaram-se cada vez mais interligados, tornando necessária a harmonização das normas. Organizações como a World Miners' Commission (WMC) e a International Association Geological Society (IAG) têm desempenhado um papel crucial no desenvolvimento de diretrizes para garantir uma exploração geológica responsável, ética e sustentável.

2.5.2. Iniciativas modernas de sustentabilidade

Atualmente, iniciativas como a Iniciativa para a Transparência das Indústrias Extractivas (EITI/ITIE) e a Iniciativa para a Exploração Mineira Responsável (RMI) demonstram a evolução do sector para práticas mais sustentáveis e transparentes. Estas normas têm como objetivo satisfazer as expectativas crescentes das partes interessadas em termos de sustentabilidade e responsabilidade social.

Este capítulo traçou, portanto, a evolução histórica das normas de exploração geológica e de geologia mineira, revelando como estas práticas essenciais foram moldadas pela dinâmica social, económica e ambiental ao longo do tempo. Desde os tempos pré-históricos, em que a exploração se baseava em métodos rudimentares, até ao aparecimento de estruturas mais sistemáticas nas civilizações antigas, temos assistido a uma progressão constante no sentido de uma extração mais elaborada. A evolução da geologia como ciência também desempenhou um papel muito importante, particularmente com a Revolução Industrial, que introduziu oportunidades e desafios significativos em termos de segurança e impacto ambiental. O reconhecimento crescente das normas de segurança e da responsabilidade social das empresas na década de 1960 marcou um ponto de viragem, salientando a necessidade de proteger não só os trabalhadores, mas também as comunidades afectadas pelas actividades mineiras. As décadas de 1980 e 1990 foram emblemáticas da crescente consciência ambiental, levando à adoção de normas ambientais e de compromissos internacionais para promover práticas de exploração sustentáveis. Hoje, numa era de globalização, a harmonização das práticas e o surgimento de iniciativas modernas demonstram um compromisso crescente com a sustentabilidade e a transparência no sector. Em suma, a história das normas no domínio da prospeção geológica e da geologia mineira é um reflexo da evolução dos valores sociais e dos desafios ambientais. Esta história realça a importância de um quadro regulamentar em evolução que seja capaz de se adaptar às questões contemporâneas, garantindo simultaneamente uma exploração mineira responsável e ética. recursos naturais. O futuro deste sector exigirá uma vigilância contínua e um forte empenho na integração de práticas sustentáveis e responsáveis no centro da prospeção e da exploração mineira.

CAPÍTULO 3
A IMPORTÂNCIA DAS NORMAS NO SECTOR MINEIRO

Como vimos anteriormente, as normas desempenham um papel fundamental na indústria mineira, actuando como orientações essenciais para garantir operações seguras, eficientes e sustentáveis. Têm implicações de grande alcance que vão para além da simples extração de recursos, tocando a qualidade, a segurança, o ambiente e a responsabilidade social.

3.1. Garantir a qualidade dos recursos

A aplicação de normas rigorosas é crucial para garantir a qualidade dos minerais e recursos extraídos. Isto inclui a seleção, métodos de exploração e extração e técnicas de processamento que satisfaçam critérios específicos. As empresas que cumprem estas normas estão em melhor posição para oferecer produtos de alta qualidade que satisfazem os requisitos dos mercados internacionais. Este facto não só aumenta a competitividade, como também maximiza o valor dos recursos minerais.

3.2. Proteção dos trabalhadores

A segurança dos trabalhadores é uma das principais preocupações no sector mineiro. As normas definem práticas e protocolos que minimizam o risco de acidentes e lesões. Isto inclui a formação obrigatória sobre os riscos da exploração mineira, a utilização de equipamento de proteção individual (EPI), bem como procedimentos bem estabelecidos de evacuação e emergência. Ao cumprirem estas normas, as empresas não só protegem o seu pessoal, como também reduzem os custos associados a acidentes, doenças profissionais e processos.

3.3. Proteção do ambiente

A indústria mineira tem sido frequentemente criticada pelo seu impacto ambiental. As normas ambientais garantem que as empresas implementam práticas responsáveis para reduzir e mitigar os efeitos nocivos das suas actividades. Isto inclui a gestão dos resíduos mineiros, a recuperação dos sítios após a exploração e a utilização de tecnologias menos poluentes. Ao adotar estas medidas, as empresas mineiras podem reduzir a sua pegada ecológica e contribuir para a sustentabilidade dos recursos naturais.

3.4. Reduzir os litígios dispendiosos

O não cumprimento das normas pode levar a litígios dispendiosos e a sanções legais. As empresas que investem no cumprimento das normas minimizam o risco de acções judiciais, sanções e perturbações nas suas operações. Este quadro regulamentar sólido não só protege as empresas, como também ajuda a criar confiança entre as partes interessadas, incluindo os governos e as comunidades locais.

3.5. Melhorar a sua reputação

As empresas que cumprem normas elevadas gozam de uma melhor reputação no mercado. Uma forte reputação em termos de segurança, qualidade e responsabilidade ambiental pode melhorar as relações com investidores, clientes e parceiros comerciais. A transparência e o compromisso com as melhores práticas atraem parcerias mais fortes e clientes fiéis, aumentando o valor da empresa a longo prazo.

3.6. Facilitar o acesso ao financiamento

As normas também desempenham um papel fundamental no acesso ao financiamento. As instituições financeiras e os investidores avaliam frequentemente o cumprimento das normas como um critério essencial antes de decidirem conceder financiamento. As empresas que demonstram uma adesão rigorosa às normas são consideradas menos arriscadas, o que lhes permite negociar melhores condições de financiamento e atrair investimento. Em suma, as normas são um pilar essencial da indústria mineira, influenciando significativamente a qualidade dos recursos, a proteção dos trabalhadores, a preservação do ambiente e a gestão dos riscos legais. A sua aplicação não só garante a segurança e a sustentabilidade das operações, como também reforça a competitividade das empresas no mercado global. Ao adoptarem práticas que cumprem as normas, as empresas mineiras melhoram a sua reputação e criam confiança junto dos seus , ao mesmo tempo que acedem à informação. financiamento necessário para o seu desenvolvimento. A implementação de normas é uma estratégia vencedora que beneficia todo o ecossistema mineiro. Concilia a exploração dos recursos naturais com a responsabilidade social e ambiental, satisfazendo assim as expectativas crescentes dos consumidores, investidores e comunidades locais. Num mundo em que as questões de sustentabilidade são cada vez mais cruciais, a importância das normas na indústria mineira não pode ser subestimada. Adaptadas e respeitadas, abrem caminho a um futuro mais seguro, mais responsável e mais próspero para todos os intervenientes no sector.

CAPÍTULO 4

CONVERGÊNCIA DAS NORMAS E RESPECTIVO ÂMBITO DE APLICAÇÃO

As normas, sejam elas técnicas, industriais ou profissionais, são essenciais para a estruturação das actividades humanas. No sector mineiro, estas normas desempenham um papel crucial na definição de um quadro que assegura a segurança das operações, protege o ambiente e garante a qualidade dos recursos extraídos. Embora variem de país para país e de região para região, as normas partilham objectivos comuns que promovem um desenvolvimento mineiro sustentável e responsável.

4.1. Aspectos comuns das normas

4.1.1. Objetivo de normalização

A normalização é a pedra angular das normas. Ao estabelecer critérios claros e mensuráveis, as normas visam normalizar as práticas em vários sectores. Isto garante não só a qualidade e a segurança dos produtos e serviços, mas também a comunicação e o comércio à escala mundial. Na indústria mineira, por exemplo, a normalização dos métodos de extração e transformação de minerais pode conduzir a resultados mais previsíveis e a custos de exploração mais baixos. Além disso, esta normalização ajuda a minimizar os erros e a melhorar a produtividade, fornecendo às empresas um quadro de referência para o desenvolvimento dos seus processos.

4.1.2. Consenso

O processo de desenvolvimento de normas baseia-se frequentemente no consenso entre várias partes interessadas. Estas incluem peritos do sector, representantes de organismos governamentais, da indústria, bem como consumidores e ONG. Este modelo de consenso garante que as normas são equilibradas e têm em conta os diferentes interesses das partes interessadas. Para a indústria mineira, isto significa que as preocupações com a segurança dos trabalhadores, a proteção do ambiente e a rentabilidade económica são todas tidas em conta, aumentando a aceitabilidade e a eficácia das normas.

4.1.3. Voluntário ou obrigatório

As normas podem ser classificadas em dois tipos principais: as adoptadas numa base voluntária e as impostas por legislação. As normas voluntárias, como certas certificações ISO, oferecem às empresas a oportunidade de se destacarem no mercado. Por outro lado, as normas obrigatórias , frequentemente adoptadas pelos governos, são essenciais para garantir o cumprimento de requisitos mínimos de segurança, qualidade e ambiente. No sector mineiro, uma combinação de normas voluntárias e obrigatórias pode incentivar as empresas a irem além dos requisitos regulamentares, promovendo uma cultura de segurança e sustentabilidade.

4.1.4. Documentação

A documentação das normas é crucial para a sua aplicação efectiva. Estes documentos, que podem incluir manuais, guias e procedimentos pormenorizados, especificam requisitos técnicos, métodos de ensaio e avaliação. Para a indústria mineira, uma documentação clara ajuda a garantir que todos os envolvidos compreendem as expectativas e obrigações relacionadas com a segurança, a qualidade e a gestão ambiental. Podem também ser elaborados manuais de formação para garantir que os trabalhadores e os gestores estão actualizados em relação às práticas e procedimentos mais recentes.

4.1.5. Evolução

As normas devem evoluir para se manterem relevantes face aos avanços tecnológicos e às novas práticas. Isto inclui a revisão periódica das normas existentes para incorporar as descobertas científicas, as inovações tecnológicas e o feedback do terreno. Na indústria mineira, por exemplo, o aparecimento de novas técnicas de extração ou de tecnologias de monitorização pode levar à atualização das normas para garantir que os métodos permanecem seguros e eficazes. Esta capacidade de evolução é essencial para manter a competitividade e a sustentabilidade das actividades mineiras.

4.1.6. Impacto na competitividade

A adoção de normas de qualidade e segurança pode ter um impacto significativo na competitividade das empresas nos mercados nacionais e internacionais. As empresas que cumprem normas elevadas são frequentemente consideradas mais fiáveis e rigorosas, o que lhes permite atrair mais clientes e parceiros comerciais. Além disso, o cumprimento das normas internacionais pode facilitar o acesso a novos mercados, reforçar a reputação da marca e, em última análise, contribuir para o crescimento económico. No sector mineiro, o cumprimento das normas pode também atrair investimentos, uma vez que os investidores estão cada vez mais empenhados na responsabilidade social e ambiental.

4.2. Âmbito de aplicação Aplicação das normas

4.2.1. Indústria e comércio

As normas são omnipresentes na indústria e no comércio. No sector mineiro, as normas asseguram que os produtos fabricados, como o equipamento mineiro e de processamento, cumprem critérios rigorosos de qualidade e segurança. Neste caso, normas como a ISO 9001 definem critérios para a gestão da qualidade, permitindo às empresas assegurar que as suas operações estão alinhadas com os requisitos de desempenho. Isto reduz o risco de falha do equipamento, melhorando a segurança operacional.

4.2.2. Serviços

As normas não se limitam aos produtos; também se estendem aos serviços. No sector dos serviços mineiros, normas como a ISO 9001 garantem uma qualidade consistente, seja na formação dos trabalhadores, na gestão das operações ou no apoio técnico. Isto é particularmente importante num ambiente em que a segurança e a fiabilidade são fundamentais. A implementação de normas de serviço ajuda a definir expectativas claras e a melhorar a satisfação do cliente.

4.2.3. Ambiente

A proteção ambiental é uma questão importante na indústria mineira. Normas como a ISO 14001, que se centram na gestão ambiental, permitem às empresas adotar práticas sustentáveis. Estas normas incentivam a avaliação do impacto ambiental das operações, a criação de sistemas de gestão de resíduos e a otimização do consumo de recursos. Ao incorporar estas normas, as empresas mineiras podem reduzir a sua pegada ambiental e satisfazer as expectativas crescentes das partes interessadas em termos de sustentabilidade.

4.2.4. Saúde e segurança

A saúde e a segurança dos trabalhadores são as principais prioridades da indústria mineira. Existem normas específicas, como a ISO 45001, para garantir um ambiente de trabalho seguro. Estas normas estabelecem requisitos para a identificação de perigos, avaliação de riscos e implementação de medidas preventivas. encorajam a formação dos trabalhadores em práticas de segurança, reduzindo assim o número de acidentes de trabalho e promovendo uma cultura de segurança nas operações mineiras.

4.2.5. Tecnologias da informação

Com o advento das tecnologias digitais, as normas técnicas tornaram-se essenciais para garantir a interoperabilidade e a segurança dos sistemas de TI. Na indústria mineira, isto inclui normas para a gestão de dados, a cibersegurança e a proteção dos sistemas de controlo. Por exemplo, normas como a ISO 27001 para a gestão da segurança da informação garantem que os dados nas operações mineiras estão protegidos contra violações e que os sistemas são resilientes face a ciberataques.

4.2.6. Normas internacionais vs. normas nacionais

As normas podem ser internacionais, como as desenvolvidas pela ISO, ou específicas de um país ou região. As normas internacionais facilitam o comércio intercontinental e asseguram uma certa uniformidade de práticas. No entanto, as normas nacionais também podem ser cruciais, uma vez que têm em conta os contextos socioeconómicos e ambientais locais. As empresas mineiras têm de navegar nesta dualidade para garantir a conformidade e, ao mesmo tempo, otimizar as suas operações.

4.2.7. Interdisciplinar

As normas abrangem frequentemente vários domínios e disciplinas. No sector mineiro, isto pode incluir normas de engenharia, segurança, ambientais e sociais. Por exemplo, a mesma exploração mineira pode estar sujeita a requisitos de segurança para os trabalhadores, a normas de gestão dos recursos naturais e a regulamentos sobre os direitos das comunidades locais. Esta interdisciplinaridade sublinha a importância de considerar as normas como um todo para garantir uma abordagem integrada e responsável das operações mineiras.

4.3. Normas do sector

4.3.1. Operações de segurança

A segurança operacional é uma prioridade máxima na indústria mineira, onde o risco de acidentes é significativo. As normas, tais como as estabelecidas pela Occupational Safety and Health Administration (OSHA) e a ISO 45001, estabelecem requisitos para a prevenção de acidentes e proteção dos trabalhadores. Isto inclui protocolos para avaliação de riscos, formação dos trabalhadores sobre procedimentos de segurança e utilização de equipamento de proteção individual. Ao seguir estas normas, as empresas podem reduzir os acidentes, minimizar as lesões e criar um ambiente de trabalho mais seguro.

4.3.2. Proteção do ambiente

O impacto ambiental das actividades mineiras é uma questão importante. As normas ambientais, como a ISO 14001, fornecem quadros de gestão para ajudar as empresas a reduzir o seu impacto no ambiente. Isto pode incluir avaliações de impacto ambiental, procedimentos de gestão de resíduos e estratégias para reduzir o consumo de água. Ao adoptarem estas normas, as empresas mineiras comprometem-se a respeitar as normas de sustentabilidade, que são essenciais para preservar os ecossistemas locais e obter a aprovação das comunidades envolventes.

4.3.3. Garantia de qualidade dos recursos

A qualidade dos recursos extraídos é crucial para a rentabilidade dos projectos mineiros. Normas como a ISO 9001 estabelecem sistemas de gestão da qualidade que garantem a rastreabilidade dos materiais extraídos e a conformidade com os requisitos do mercado. Isto inclui a implementação de procedimentos de controlo de qualidade em todas as fases do processo, desde a extração até à distribuição. A conformidade com estas normas também melhora a reputação das empresas, tornando-as mais atractivas para os investidores e clientes.

4.3.4. Aplicabilidade e durabilidade

A aplicação de normas em projectos mineiros é essencial para garantir a sua sustentabilidade a longo prazo. Estas normas fornecem um quadro para a avaliação de riscos, a gestão dos recursos naturais e a conformidade regulamentar.Incentivam também a inovação, encorajando as empresas a adotar novas tecnologias e práticas mais eficientes. Ao incorporar normas rigorosas, as empresas demonstram o seu compromisso com a responsabilidade social e ambiental, ao mesmo tempo que promovem o crescimento económico. Isto traduz-se em benefícios a longo prazo não só para as empresas, mas também para as comunidades e ecossistemas circundantes.

A complexidade e a diversidade das normas que regem a indústria mineira reflectem a importância de estabelecer normas sólidas para garantir a segurança, a sustentabilidade e a qualidade das operações. Este capítulo revelou que, apesar das variações geográficas e das especificidades sectoriais, existem pontos comuns fundamentais subjacentes a estas normas. A normalização e o consenso estão no centro deste panorama de normas. A normalização permite a uniformidade das práticas, o que facilita o comércio internacional e garante uma qualidade consistente, enquanto o consenso entre as várias partes interessadas garante que as normas são pragmáticas e adaptadas às realidades no terreno. Este quadro de colaboração é essencial para a criação de normas que abordem tanto a segurança dos trabalhadores como as preocupações ambientais.

A dicotomia entre normas voluntárias e obrigatórias oferece às empresas flexibilidade estratégica. As normas voluntárias, como a ISO, permitem que as empresas se diferenciem no mercado, enquanto as normas obrigatórias garantem a conformidade mínima necessária para proteger as pessoas e o ambiente. Esta coexistência cria uma dinâmica em que as empresas são incentivadas a adotar voluntariamente práticas que vão além das obrigações legais, promovendo uma cultura de segurança e sustentabilidade no sector.

A documentação e o desenvolvimento contínuo de normas também desempenham um papel importante. Uma documentação clara facilita a implementação e a compreensão dos requisitos, enquanto a evolução das normas garante que estas se mantêm relevantes face à inovação tecnológica. Num sector em constante mudança como o mineiro, esta capacidade de adaptação é essencial para manter a competitividade e satisfazer as expectativas crescentes das partes interessadas.

No que se refere ao âmbito de aplicação das normas, verificámos que estas abrangem vários aspectos cruciais, como a indústria e o comércio, os serviços, a proteção do ambiente, a saúde e a segurança, e mesmo as tecnologias da informação. Este facto evidencia a necessidade de interdisciplinaridade, de modo a que as interações complexas entre estes diferentes domínios possam ser tidas em conta para garantir uma abordagem integrada da atividade mineira.

A implementação de normas no sector mineiro não deve ser vista apenas como uma ferramenta de conformidade, mas como uma alavanca estratégica para garantir a sustentabilidade e a responsabilidade social das empresas. Ao adotar normas rigorosas, as empresas podem reduzir o seu impacto ambiental, garantir a segurança das suas operações e melhorar a sua reputação junto dos investidores e das comunidades locais.

Em suma, as normas constituem uma base essencial para a estruturação das actividades da indústria mineira. A prossecução de elevados padrões de qualidade, segurança e sustentabilidade não é apenas uma exigência regulamentar, mas também um imperativo económico que condiciona a viabilidade a longo prazo dos projectos mineiros. As empresas que adoptam estes padrões podem não só garantir o cumprimento das regras em vigor, mas também beneficiar de uma posição competitiva no mercado internacional, ao mesmo tempo que contribuem positivamente para o desenvolvimento socioeconómico das regiões em que operam.

CAPÍTULO 5

NORMAS INTERNACIONAIS

5.1. ISO 14001: Sistemas de gestão ambiental

A ISO 14001 é uma norma que fornece um quadro estratégico para as organizações que pretendem gerir as suas responsabilidades ambientais. Tem vários elementos-chave:

Melhorar o desempenho ambiental

As empresas que adoptam esta norma comprometem-se a integrar práticas sustentáveis nas suas operações quotidianas. Isto envolve a implementação de procedimentos para reduzir a pegada ecológica, tais como a utilização de tecnologias menos poluentes e a promoção de um comportamento ambientalmente responsável entre os funcionários. Esta melhoria contínua ajuda a satisfazer as expectativas crescentes das partes interessadas, reforçando simultaneamente a reputação da empresa no mercado.

Utilização eficiente dos recursos

A norma ISO 14001 incentiva as empresas a optimizarem a utilização dos seus recursos, sejam eles água, energia ou materiais. Ao reduzir os resíduos e adotar práticas de produção mais frugais, as organizações podem fazer poupanças significativas nos seus custos operacionais. Além disso, a promoção da utilização de materiais renováveis contribui para a sustentabilidade a longo prazo.

Reduzir os resíduos

A norma incentiva as empresas a desenvolverem estratégias de gestão de resíduos, como a reciclagem, a reutilização e a recuperação de materiais. Estas iniciativas não só reduzem a quantidade de resíduos enviados para aterro, como também recuperam recursos valiosos, criando um ciclo de produção mais circular e amigo do ambiente.

Conformidade com os regulamentos

Ao incorporar os requisitos da norma ISO 14001, as empresas adquirem uma estrutura para cumprir a legislação ambiental, tanto a nível local como internacional. Este facto reduz os riscos legais e reforça a credibilidade da organização aos olhos dos seus clientes e investidores.

5.2. ISO 9001: Sistemas de gestão da qualidade

A ISO 9001 é uma norma mundial que define os critérios para um sistema de gestão da qualidade. Os seus principais aspectos são os seguintes:

Satisfazer as expectativas dos clientes

A adoção da norma ISO 9001 permite às organizações compreender melhor as necessidades dos seus clientes e adaptar os seus processos em conformidade. Isto inclui a recolha regular de feedback e o ajustamento de produtos e serviços para satisfazer os requisitos do mercado, reforçando assim a fidelidade do cliente.

Melhoria dos processos internos

Esta norma incentiva as empresas a definirem objectivos claros e mensuráveis, a monitorizarem o desempenho e a comprometerem-se com um processo de melhoria contínua. Isto pode envolver auditorias internas regulares e formação do pessoal para maximizar a eficiência operacional.

Reforçar o cumprimento dos requisitos regulamentares

Ao estabelecer processos normalizados, a ISO 9001 ajuda as organizações a cumprirem as normas legais aplicáveis ao seu sector. Isto aumenta a confiança das partes interessadas e ajuda a evitar potenciais sanções.

5.3. ISO 31000: Gestão de riscos

A ISO 31000 fornece um quadro para a gestão de riscos nas organizações:

Identificação dos riscos

A norma incentiva as empresas a efectuarem análises aprofundadas dos seus ambientes internos e externos. Isto pode incluir avaliações sectoriais, estudos de mercado e análises SWOT para identificar potenciais ameaças.

Avaliação dos riscos

A ISO 31000 propõe métodos de avaliação de riscos que permitem às organizações determinar não só a probabilidade de ocorrência de riscos, mas também as consequências que daí adviriam. Isto ajuda a estabelecer prioridades para os riscos e a afetar os recursos adequados.

Gestão do risco

Dependendo dos resultados da avaliação, as empresas podem desenvolver estratégias para lidar com os riscos identificados, seja evitando, reduzindo, transferindo ou aceitando os riscos. A ISO 31000 também incentiva a implementação de planos de ação para gerir os riscos, caso estes ocorram.

5.4. NI 43-101 (norma canadiana)

A norma NI 43-101 é essencial para o sector mineiro no Canadá:

Proteção dos investidores

Ao impor requisitos rigorosos para a apresentação de relatórios técnicos, a NI 43-101 garante que as informações sobre recursos minerais são exactas e baseadas em estudos verificáveis. Isto garante a fiabilidade da informação fornecida aos investidores.

Garantir a transparência

A norma fornece orientações claras sobre a forma como as empresas devem divulgar informações relevantes sobre os seus projectos mineiros. Isto reforça a confiança dos investidores e promove uma melhor comunicação sobre os riscos associados aos projectos.

Pontos fracos :

- Complexidade sentida: As pequenas empresas consideram frequentemente que o quadro é difícil de compreender e aplicar, o que pode prejudicar a sua capacidade de obter financiamento.
- Custos de comunicação: Os custos associados à conformidade com a NI 43-101 podem ser proibitivos para as pequenas empresas.
- Rigidez: O quadro pode ser inovador, pois não deixa espaço suficiente para a aplicação de práticas mais flexíveis.

Divergências :

Qualificações rigorosas: A NI 43-101 exige que os peritos sejam especificamente qualificados, o que pode ser um obstáculo para as novas empresas ou para os profissionais menos experientes.

5.5. Código JORC (Norma Australiana)

O Código JORC, reconhecido na Austrália, tem por objetivo garantir a qualidade da informação sobre os recursos minerais:

Garantir a exatidão das informações

O Código JORC estipula que as reivindicações de recursos devem ser apoiadas por dados fiáveis e verificáveis. Isto implica estudos geológicos rigorosos e uma comunicação sistemática dos resultados.

Promover a integridade

Ao estabelecer práticas rigorosas de relato, o Código JORC aumenta a credibilidade e a confiança dos investidores, assegurando simultaneamente que a informação divulgada é justa e razoavelmente fundamentada.

Pontos fracos :

- Interpretação subjectiva: O código JORC baseia-se em parte no julgamento de profissionais, o que pode levar a rácios variáveis, dependendo de interpretações individuais.
- Actualizações lentas: O processo de revisão e atualização do código pode ser lento, tornando-o menos reativo às inovações e desenvolvimentos no sector.
- Falta de normalização internacional: O reconhecimento e a adoção do JORC fora da Austrália são limitados, o que pode ser um problema para as empresas que procuram angariar fundos internacionalmente.

Divergências :

Foco na honestidade: Ao contrário da NI 43 101, que impõe requisitos formais rigorosos, a JORC valoriza a transparência e a integridade.

5.6. Código SAMREC (norma sul-africana)

O Código SAMREC é essencial para a elaboração de relatórios sobre o sector mineiro na África do Sul:

Normalização dos relatórios

Estabelece critérios uniformes para o reconhecimento e a divulgação dos recursos minerais, facilitando uma comunicação clara e coerente entre as empresas e as partes interessadas.

Definição de normas de qualidade

O cumprimento deste código garante que as informações divulgadas obedecem a normas rigorosas de transparência e exatidão, reforçando assim a confiança dos investidores.

Pontos fracos :

- Reconhecimento internacional limitado: Embora seja respeitado na África do Sul, o SAMREC não é amplamente aplicado a nível internacional.
- Concentração no sector mineiro: O quadro está fortemente centrado nos recursos convencionais, o que limita a sua utilização para os recursos não convencionais, como as terras raras ou os materiais de construção.

Divergências :

Integração de elementos culturais e sociais: O SAMREC tem em conta os impactos sociais e culturais dos projectos mineiros, o que é menos frequente noutros códigos.

5.7. CRIRSCO

O CRIRSCO desempenha um papel fundamental na harmonização das normas de informação:

Coordenação internacional

Ao unificar as normas internacionais de relato, o CRIRSCO permite comparar as informações fornecidas por diferentes jurisdições, facilitando assim a tomada de decisões por parte dos investidores.

Melhoria da transparência

Ao estabelecer normas comuns, o CRIRSCO incentiva uma maior transparência na divulgação das capacidades e recursos minerais, contribuindo assim para a confiança no sector.

Pontos fracos

- Normas gerais: A falta de pormenores estratégicos pode levar a interpretações diferentes nos vários países membros.
- Aplicação variável: Os países interpretam e aplicam as normas de forma desigual, o que pode dar origem a incoerências.

Divergências

Harmonização internacional: Embora seja um nicho, esta ênfase na harmonização pode ter um impacto limitado em projectos específicos a nível local.

5.8. SPEE

A SPEE é uma autoridade em matéria de recursos petrolíferos e de gás:

Integridade dos relatórios

A SPEE assegura que os métodos de elaboração de relatórios cumprem as melhores práticas do sector, garantindo assim a fiabilidade da informação fornecida.

Diretrizes de divulgação

A orientação clara oferecida pelo SPEE ajuda as empresas a avaliar e divulgar as suas reservas e recursos, garantindo que os dados partilhados são relevantes e exactos.

5.9. AMSA

A AMSA é responsável pelas normas de segurança na indústria mineira australiana:

Proteção dos trabalhadores

Graças a uma regulamentação rigorosa, a AMSA garante o bem-estar dos trabalhadores, minimizando o risco de acidentes e melhorando as condições de trabalho.

Minimizar os riscos

A AMSA promove práticas de segurança sólidas e dá formação para sensibilizar os trabalhadores para os potenciais perigos, garantindo um ambiente de trabalho mais seguro. O Capítulo 5 aborda a importância das normas internacionais na gestão das operações e da transparência nos sectores industriais, em particular nos relacionados com o ambiente e os recursos minerais.

Estas normas, tais como a ISO 14001 para a gestão ambiental, a ISO 9001 para a qualidade e a NI 43-101 para a perícia mineira, fornecem um quadro estruturado para as organizações que pretendem melhorar o desempenho, assegurar a conformidade regulamentar e criar confiança junto das partes interessadas.

A ISO 14001 promove uma abordagem proactiva à sustentabilidade ambiental, incentivando as empresas a reduzir a sua pegada ecológica, a melhorar a utilização dos recursos e a desenvolver estratégias eficazes de gestão de resíduos.

Este quadro não só cumpre os requisitos legais, como também promove uma cultura de melhoria contínua que pode melhorar a reputação de uma organização no mercado.

Do mesmo modo, a ISO 9001 sublinha a importância da satisfação do cliente e da melhoria dos processos internos. Ao integrar sistemas de gestão da qualidade, as empresas podem reforçar o seu compromisso com a excelência operacional, cumprindo simultaneamente os requisitos legais, o que contribui para uma vantagem competitiva significativa. Na área específica da gestão de riscos, a ISO 31000 incentiva as organizações a realizarem avaliações sistemáticas dos seus ambientes, a fim de elaborarem planos de ação sólidos.

Esta norma promove uma gestão proactiva dos riscos, permitindo às empresas navegar em ambientes frequentemente complexos e incertos.

No sector mineiro, as normas canadianas NI 43-101, o código australiano JORC e as normas sul-africanas SAMREC sublinham a importância de uma divulgação rigorosa e transparente dos recursos minerais.

Cada uma destas normas, com os seus pontos fortes e fracos específicos, tem como objetivo os investidores e a promoção da integridade nos relatórios sobre a atividade mineira. No entanto, desafios como os elevados custos de conformidade, as interpretações subjectivas e a falta de reconhecimento internacional continuam a ser obstáculos a uma adoção mais generalizada.

O CRIRSCO desempenha um papel facilitador na harmonização das normas de informação sobre minerais a nível internacional, salientando simultaneamente as diferenças existentes entre as várias normas. Embora a SPEE e a AMSA se centrem na integridade e segurança nos sectores do petróleo e gás e da exploração mineira, respetivamente, também ilustram o compromisso global da indústria com práticas sustentáveis e seguras.

Em suma, estas normas internacionais não só ajudam a estabelecer diretrizes para a condução dos negócios, como também aumentam a confiança dos investidores e dos consumidores, promovem a responsabilidade social e ambiental e contribuem para o desenvolvimento sustentável. Como o mundo continua a enfrentar desafios ambientais e económicos crescentes, a integração destas normas está a tornar-se essencial para a sustentabilidade e o sucesso das empresas em todo o mundo. Por conseguinte, é fundamental que as organizações se comprometam a respeitar e a aplicar estas normas, procurando simultaneamente inovar nas suas práticas para satisfazer as necessidades de um mundo em mudança.

CAPÍTULO 6

NORMAS NACIONAIS

O quadro regulamentar é essencial no domínio da exploração mineira e da avaliação dos recursos do subsolo e do solo. Cada país desenvolve as suas próprias normas que regem as práticas para garantir a segurança, a sustentabilidade e a proteção ambiental. Neste capítulo, vamos explorar várias normas nacionais, com destaque para o Código Mineiro da República Democrática do Congo, o Référentiel des sols em França, bem como a BS 5930 e a NF P 94-500.

6.1. Código Mineiro

O Código Mineiro é a pedra angular da regulamentação do sector mineiro em muitos países. Este código define as regras que regem a prospeção e a exploração dos recursos minerais. É importante para estabelecer um quadro jurídico para a concessão de licenças de exploração, os direitos associados e as obrigações dos operadores. Os requisitos ambientais, que visam minimizar o impacto das actividades mineiras nos ecossistemas locais, são também incorporados na legislação.

Principais objectivos do Código Mineiro :

- Autorizações: Assegurar que os operadores mineiros têm os direitos necessários para explorar e explorar os recursos. Isto inclui controlos da capacidade técnica e financeira das empresas candidatas, garantindo assim que apenas as entidades competentes e responsáveis têm acesso aos recursos.
- Ambiente: Estabelecimento de medidas preventivas e corretivas para limitar os danos ambientais. Tal inclui a realização de estudos de impacto ambiental antes do início das actividades, a identificação e a atenuação dos riscos potenciais para os ecossistemas.
- Direitos das comunidades: Reconhecer e proteger os direitos das populações locais afectadas pelas actividades mineiras. Isto significa garantir que são consultadas e que as suas preocupações são tidas em conta no processo de decisão.

6.1.1. Código Mineiro da República Democrática do Congo

O Código Mineiro da República Democrática do Congo (RDC) é um conjunto de leis e regulamentos que regem a prospeção, a exploração e a gestão dos recursos minerais no país, que é rico em minerais como o cobre, o cobalto, o ouro e os diamantes. A legislação mineira é crucial para o desenvolvimento económico e a gestão sustentável dos recursos.

a. Antecedentes históricos

O Decreto-lei n.º 81-013, de 2 de abril de 1981, que contém a legislação geral sobre minas e hidrocarbonetos, foi revogado e substituído pela Lei n.º 007/2002, de 11 de julho de 2002, que contém o Código Mineiro, e posteriormente revisto em março de 2018. A revisão visa atrair mais investimento estrangeiro, assegurando simultaneamente que os benefícios da exploração mineira revertam a favor do povo congolês. O processo de revisão envolveu consultas com várias partes interessadas do sector, incluindo ONG e comunidades locais.

b. Objectivos do Código Mineiro

- Supervisionar as actividades mineiras (industriais e artesanais): Assegurar que todas as actividades mineiras são levadas a cabo de forma legal e responsável, em conformidade com as leis e regulamentos nacionais.
- Proteger o ambiente: Incluir disposições em matéria de gestão ambiental, instrumentos de controlo e planos de reabilitação dos sítios mineiros.
- Garantir os direitos das comunidades locais: Ter em conta os impactos sociais da exploração mineira e promover o desenvolvimento local através de projectos comunitários.
- Incentivar o investimento: Proporcionar um quadro estável e previsível aos investidores, protegendo simultaneamente os interesses do Estado através de cláusulas de revisão periódica dos contratos.

c. Principais disposições

- Autorizações de exploração mineira: O Código define os diferentes tipos de licenças (licenças de exploração, licenças de funcionamento, etc.) e os procedimentos para as obter, incluindo critérios de seleção rigorosos.
- Royalties e impostos: Estabelecimento de um sistema de royalties e impostos para as empresas mineiras, a fim de assegurar uma partilha equitativa das receitas, com percentagens

destinadas a programas de desenvolvimento comunitário.

- Responsabilidade social das empresas: As empresas devem efetuar avaliações do impacto social e ambiental e envolver as comunidades no processo de tomada de decisões, com relatórios regulares sobre os progressos realizados.

- Controlo e monitorização: Criação de organismos de controlo e regulação das actividades mineiras, incluindo inspecções regulares e auditorias ambientais.

d. Para uma gestão sustentável dos recursos minerais

A legislação congolesa sobre a gestão dos recursos minerais tem por objetivo orientar e regulamentar a exploração mineira e a prospeção. No entanto, a rentabilidade imediata da exploração atrai naturalmente os investidores, que procuram um retorno rápido dos seus investimentos, ao passo que a prospeção, que envolve riscos elevados e um investimento inicial substancial, é muitas vezes vista como um empreendimento menos atrativo. Esta forte preferência pela exploração pode ter uma série de consequências negativas. Do ponto de vista económico, pode conduzir a uma sobre-exploração dos recursos, levando a uma escassez de minerais a longo prazo. Do ponto de vista ambiental, a ênfase na exploração pode agravar os problemas de degradação dos ecossistemas locais, a poluição e outros impactos ambientais. Por último, em termos sociopolíticos, esta dinâmica pode alimentar conflitos sobre a distribuição dos recursos e da riqueza, exacerbando as desigualdades locais. Para remediar esta situação e equilibrar o investidor entre a prospeção e a exploração, o governo congolês tem de iniciar estratégias atractivas:

Incentivos fiscais

Criar um quadro fiscal atrativo para o investimento na exploração de minerais. Tal poderia incluir isenções fiscais temporárias, reduções das taxas de exploração durante as fases iniciais da exploração.

Reforço das infra-estruturas

Investir nas infra-estruturas necessárias (estradas, portos, etc.) nas regiões com elevado potencial mineiro. Um melhor acesso aos locais de exploração pode reduzir os custos e os riscos associados à exploração.

Parcerias público-privadas

Incentivar as parcerias entre o Estado e as empresas privadas (multinacionais e locais) para partilhar os custos e os riscos da exploração. Isto também poderia incluir empresas estatais que desempenhem um papel ativo na exploração.

Acesso à informação e à tecnologia

Facilitar o acesso a dados geológicos e geográficos, bem como a tecnologias de exploração modernas, para ajudar os investidores a tomar decisões informadas. Isto inclui a publicação de relatórios e estudos de viabilidade e a atualização regular do mapa geológico e metalogénico do país. Por último, é essencial que a República Democrática do Congo adopte uma abordagem equilibrada da gestão dos seus recursos minerais. Ao implementar estratégias atractivas para estimular a exploração, o governo poderá não assegurar a exploração sustentável dos recursos, mas também criar um ambiente propício ao investimento, ao crescimento económico e ao desenvolvimento local. A atenção a estas dinâmicas poderá fazer da RDC um modelo de gestão responsável dos recursos naturais, trazendo simultaneamente benefícios tangíveis para a sua população.

6.2. Repositório de solos

Em França, a norma Référentiel des sols desempenha um papel crucial na avaliação dos sítios contaminados. Esta norma tem por objetivo assegurar a gestão adequada dos terrenos poluídos, fornecendo critérios de análise da qualidade dos solos. Identifica os riscos potenciais para a saúde humana e o ambiente, facilitando a decisão sobre as medidas de correção necessárias.

Principais caraterísticas do Repositório de Solos :

- Avaliação dos riscos: Identificar os contaminantes presentes e avaliar o seu potencial impacto na saúde e no ambiente, estabelecendo limiares de alerta e níveis de intervenção.
- Metodologia de análise: Fornecer protocolos para a caraterização de solos contaminados, incluindo métodos de amostragem e de análise laboratorial.
- Reabilitação de sítios: Propor orientações para a reabilitação das terras e a recuperação dos ecossistemas afectados, incorporando estratégias de reabilitação sustentáveis.

6.3. BS 5930 (Reino Unido)

A BS 5930 é uma norma britânica que estabelece um quadro de práticas para a investigação geotécnica. Fornece orientações detalhadas sobre o planeamento e a execução de investigações geotécnicas, que são essenciais para garantir a segurança e a estabilidade de edifícios e infra-estruturas.

Elementos-chave da BS 5930 :

- Planeamento de estudos: Aconselhamento sobre a conceção de investigações para satisfazer as necessidades específicas do projeto, incluindo a escolha de métodos e a definição dos objectivos do estudo.
- Técnicas de investigação: Descrição dos métodos e ferramentas a utilizar para avaliar as condições do solo, tais como perfurações, ensaios in situ e análises laboratoriais.
- Relatórios e documentação: Orientações sobre a forma de documentar e comunicar os resultados dos estudos geotécnicos, salientando a importância de uma comunicação clara e exacta com as partes interessadas.

6.4. NF P 94-500 (França)

A norma NF P 94-500 é uma referência essencial em França para o estudo e a análise dos solos geotécnicos. Define os métodos a utilizar nas investigações de campo e na avaliação das propriedades geotécnicas, garantindo a qualidade e a fiabilidade dos dados recolhidos.

Aspectos fundamentais da NF P 94-500 :

- Métodos de investigação: Elaborar protocolos para a realização de ensaios laboratoriais e in situ, especificando o equipamento a utilizar e os procedimentos a seguir.
- Caracterização dos solos: Definir os parâmetros geotécnicos necessários para avaliar o comportamento dos solos em diferentes condições, incluindo análises de resistência, compressibilidade e permeabilidade.
- Normas de qualidade: Garantir que as práticas de investigação cumprem os requisitos de segurança e sustentabilidade, incorporando simultaneamente critérios de qualidade para os dados recolhidos e os relatórios.

normalização em França é regulada pela lei de 24 de maio de 1941 e pelo decreto n.º 2009-

697 de 16 de junho de 2009, que define as funções da Association française de normalisation (AFNOR).

6.5. AFNOR

A Association Française de Normalisation (AFNOR) é o organismo nacional de normalização em França. Desempenha um papel essencial no desenvolvimento e promoção de normas em vários sectores e indústrias. A AFNOR esforça-se por garantir a qualidade, a segurança e a interoperabilidade dos produtos e serviços, melhorando assim a proteção dos consumidores e facilitando o comércio internacional.

As principais funções da AFNOR incluem :

- Desenvolvimento de normas: A AFNOR está envolvida na criação de normas francesas e internacionais em colaboração com as partes interessadas da indústria, organismos governamentais e outras organizações.
- Certificação: A organização oferece serviços de certificação de produtos, sistemas e serviços para garantir a sua conformidade com normas específicas e requisitos regulamentares.
- Formação e informação: Oferece programas de formação e recursos para ajudar as organizações a compreender e aplicar eficazmente as normas.
- Defesa de interesses: Promove a importância da normalização para melhorar a competitividade, a inovação e a sustentabilidade das empresas francesas.
- Colaboração internacional: Representa a França em organismos internacionais de normalização, como a ISO (Organização Internacional de Normalização) e a IEC (Comissão Eletrotécnica Internacional).

Este capítulo salientou a importância do quadro regulamentar no domínio da exploração mineira e da avaliação dos recursos do subsolo e do solo. Ao analisar o Código Mineiro da RDC, o Référentiel des sols de França, a NF P 94-500 e as normas BS 5930, mostrámos como estes regulamentos servem não só para enquadrar a atividade mineira e a gestão do solo, mas também para garantir a sustentabilidade, a segurança e a proteção do ambiente.

O Código Mineiro da RDC, embora seja um instrumento essencial para atrair investimentos, sublinha a necessidade de um equilíbrio entre a exploração dos recursos e as preocupações ambientais e sociais. Isto implica uma gestão responsável que tenha em conta os direitos das comunidades locais e assegure uma partilha justa dos benefícios.

A norma francesa Référentiel des sols fornece um quadro estruturado para avaliar e remediar locais contaminados, o que é fundamental para proteger a saúde pública e o ambiente. As normas BS 5930 e NF P 94-500 reforçam esta abordagem, fornecendo orientações precisas para investigações geotécnicas e análises de solos, garantindo a fiabilidade dos dados necessários para projectos de infra-estruturas seguros e sustentáveis.

Uma análise destas normas torna claro que a normalização e a regulamentação são elementos essenciais tanto para a gestão dos recursos naturais como para a proteção dos ecossistemas e das comunidades que deles dependem. Ao promoverem práticas responsáveis e ao fomentarem a transparência nas operações mineiras e agrícolas, estes quadros regulamentares têm o potencial de assegurar o desenvolvimento sustentável, salvaguardando simultaneamente os interesses das gerações futuras. É, pois, imperativo que os governos, as empresas e as comunidades trabalhem em conjunto para reforçar a aplicação destas normas e desenvolver novas estratégias que promovam a utilização equilibrada e sustentável dos recursos naturais. A aplicação proactiva destes regulamentos pode transformar desafios em oportunidades. oportunidades, permitindo-nos avançar para um futuro em que os recursos naturais sejam utilizados de forma responsável, tanto para benefício económico como para preservar o ambiente e os direitos das comunidades locais.

CAPÍTULO 7

NORMAS ESPECÍFICAS PARA O SECTOR MINEIRO

7.1. Diretrizes Ambiente

As diretrizes ambientais são um requisito essencial para qualquer projeto mineiro. O seu objetivo é garantir que as operações mineiras minimizem a sua pegada ambiental, cumprindo simultaneamente a legislação em vigor.

Avaliações de Impacto Ambiental (AIA)

Antes do início de qualquer operação de extração mineira, é essencial um EIA exaustivo. Este processo começa com a recolha de dados sobre o ambiente local, envolvendo levantamentos do solo, da água e da vida selvagem. O EIA examina os potenciais impactos, como a poluição da água, a desflorestação e a perturbação dos habitats. As consultas com as partes interessadas, incluindo as comunidades locais, são essenciais para recolher preocupações e sugestões. Com base nas conclusões do EIA, devem ser desenvolvidas medidas de atenuação, como a criação de zonas-tampão em torno de habitats sensíveis, para reduzir os impactos a longo prazo.

Gestão de resíduos

As operações mineiras geram vários tipos de resíduos, desde os resíduos de rocha extraídos até aos resíduos de processamento. A gestão efectiva destes resíduos é crucial para evitar a contaminação dos solos e . Isto implica a criação de sistemas que protejam as instalações de armazenamento de produtos perigosos e a implementação de tecnologias de tratamento de resíduos que minimizem os resíduos sólidos e líquidos. As empresas devem também cumprir os regulamentos locais e internacionais relativos ao tratamento de resíduos e desenvolver planos de emergência em caso de derrame ou contaminação.

Recuperação de sítios mineiros

A recuperação do sítio é uma responsabilidade fundamental das empresas mineiras. As diretrizes devem estipular que as operações devem incluir planos de reabilitação desde o início, com o objetivo de restaurar o ecossistema local após o encerramento da mina. Isto pode incluir a replantação de vegetação nativa, a revitalização dos solos e a reabilitação dos cursos de água. As empresas devem também estabelecer parcerias com organizações ambientais para garantir que os seus esforços de recuperação são eficazes e sustentáveis.

7.2. Normas de gestão da saúde e segurança

A segurança dos trabalhadores do sector mineiro é de importância primordial, dada a natureza perigosa das operações.

Avaliação dos riscos

Todas as instalações mineiras devem efetuar avaliações de risco regulares para identificar potenciais perigos. Isto implica a realização de análises de cenários para deslizamentos de terras, explosões e riscos químicos. Os resultados destas avaliações devem conduzir ao desenvolvimento de protocolos de segurança destinados a minimizar a exposição dos trabalhadores a estes perigos. Devem também ser efectuados regularmente exercícios práticos para preparar o pessoal para reagir eficazmente em caso de emergência.

Formação e sensibilização dos trabalhadores

Uma formação adequada é essencial para garantir que todos os empregados estão conscientes dos perigos e dos protocolos de segurança em vigor. As empresas devem dar formação contínua que abranja a utilização correta de equipamento de proteção individual (EPI), procedimentos de evacuação e simulações de evacuação em caso de incêndio ou acidente grave. Para além disso, a sensibilização para a saúde mental e o bem-estar dos trabalhadores deve ser incorporada nestes cursos de formação.

Monitorização da saúde dos trabalhadores

São necessários programas de controlo regulares para detetar precocemente problemas de saúde relacionados com as condições de trabalho. Isto inclui exames médicos periódicos para monitorizar a exposição a substâncias perigosas, bem como campanhas de sensibilização para a saúde, a fim de informar os trabalhadores sobre os perigos associados ao seu ambiente. As empresas devem também estabelecer canais de comunicação confidenciais que permitam aos trabalhadores comunicar problemas de saúde sem receio de represálias.

7.3. GIA (Diretrizes para a Internacionalização das Geociências)

As GIA são um quadro essencial para a harmonização das práticas geocientíficas em todo o mundo.

Melhores práticas de investigação e exploração

As GIAs fornecem recomendações sobre métodos de investigação e exploração, encorajando a utilização de técnicas cientificamente validadas para a recolha e análise de dados geocientíficos. Isto inclui a utilização de tecnologias avançadas, como a deteção remota e a imagiologia geológica, para melhorar a exatidão das avaliações geológicas. As empresas devem também garantir que documentam e partilham os seus resultados de investigação para contribuir para a base de conhecimentos global.

Colaboração internacional

As GIA incentivam a colaboração entre geocientistas de diferentes países para partilhar conhecimentos e tecnologias. Isto pode assumir a forma de projectos de investigação conjuntos, conferências internacionais e plataformas de partilha de informação. A cooperação internacional ajuda a harmonizar as normas e a criar capacidade técnica nos países em desenvolvimento, promovendo assim práticas mineiras responsáveis e eficientes em todo o mundo.

Integração de considerações sociais

As GIAs sublinham a importância de considerar os impactos sociais dos projectos de geociências. Isto significa colaborar com as comunidades locais para compreender as suas preocupações e incorporar as suas perspectivas nos projectos mineiros. As empresas devem promover iniciativas destinadas a fomentar o desenvolvimento sustentável, criar empregos locais e apoiar projectos comunitários.

7.4. Conselho de Minerais da Austrália

O Minerals Council of Australia (MCA) desempenha um papel importante na promoção da sustentabilidade na indústria mineira.

Responsabilidade social das empresas (RSE)

A MCA promove a adoção de práticas de RSE no sector mineiro, incentivando as empresas a terem em conta não só os seus lucros, mas também o seu impacto nas comunidades locais e no ambiente. Isto inclui a transparência nas operações e a comunicação dos resultados financeiros e ambientais às partes interessadas. As empresas devem estabelecer parcerias com as comunidades locais para apoiar o desenvolvimento económico e social.

Desenvolvimento sustentável

O quadro das MCA estabelece normas claras para o desenvolvimento sustentável, salientando a importância da gestão dos impactos ambientais, sociais e económicos. Isto inclui a implementação de estratégias para reduzir as emissões de gases com efeito de estufa e minimizar o consumo de água. As empresas devem também considerar o investimento em tecnologias limpas e práticas de economia circular para melhorar a sua sustentabilidade.

Inovação e tecnologia

O MCA incentiva a adoção de tecnologias inovadoras para melhorar a eficiência das operações mineiras. Isto inclui a utilização da automação para reduzir a necessidade de mão de obra em ambientes perigosos, bem como o desenvolvimento de técnicas de reciclagem para reutilizar os recursos extraídos. As empresas precisam de investir em investigação e desenvolvimento para explorar novos métodos de extração que minimizem o impacto ambiental.

O capítulo 7 sublinhou a importância das normas específicas que regem a indústria mineira, destacando as diretrizes ambientais e as normas de gestão da saúde e da segurança, bem como o impacto de iniciativas como a GIA e os esforços do Minerals Council of Australia.

As diretrizes ambientais, como as avaliações de impacto ambiental, a gestão de resíduos e a recuperação do local da mina, desempenham um papel fundamental para garantir que os projectos mineiros funcionem de forma responsável e sustentável. Estes processos não só minimizam a pegada ecológica, como também incentivam a reabilitação dos ecossistemas locais, mostrando que a indústria pode coexistir com o ambiente natural. A consulta das comunidades locais é essencial para integrar as suas preocupações e aspirações nos projectos, promovendo um desenvolvimento equitativo e inclusivo.

A saúde e a segurança dos trabalhadores também estão no centro das normas do sector. A avaliação dos riscos, a formação contínua e a monitorização da saúde dos trabalhadores garantem um ambiente de trabalho mais seguro, reduzindo os incidentes e melhorando o bem-estar dos trabalhadores. A ênfase na saúde mental e na sensibilização dos trabalhadores sublinha uma abordagem holística da segurança, que é essencial num sector frequentemente exposto a condições perigosas.

As GIA representam um passo significativo para a harmonização das práticas geocientíficas a nível internacional, incentivando as melhores práticas de investigação e exploração. A colaboração internacional e a integração das preocupações sociais são elementos essenciais para garantir que os projectos mineiros tenham em conta as realidades locais, promovendo simultaneamente padrões de excelência.

Por último, o Minerals Council of Australia encarna o compromisso com uma indústria mineira sustentável. Ao integrar a responsabilidade social das empresas, o desenvolvimento sustentável e a inovação tecnológica, o MCA estabelece um quadro que permite às empresas não só maximizar a sua rentabilidade, mas também contribuir para uma indústria mineira mais sustentável. comunidades e o ambiente. Em suma, este capítulo demonstra que a indústria mineira, quando orientada por normas rigorosas e práticas responsáveis, pode avançar para um caminho sustentável e ético. Ao aderir a estas normas, as empresas mineiras podem não só ter sucesso económico, mas também desempenhar um papel de liderança na preservação do ambiente e do bem-estar das comunidades, estabelecendo um modelo para o futuro da exploração mineira a nível mundial.

CAPÍTULO 8

OUTRAS NORMAS

No domínio da engenharia geológica e dos recursos naturais, as normas desempenham um papel fundamental para garantir a qualidade, a segurança e a sustentabilidade das operações. Duas grandes organizações, a ASTM International e o American Petroleum Institute (API), estabelecem normas que têm uma grande influência nas práticas e tecnologias utilizadas nestes sectores.

8.1 Normas ASTM

Fundada em 1898, a ASTM International, anteriormente designada American Society for Testing and Materials, é uma organização de normalização sem fins lucrativos. O seu objetivo é desenvolver normas consensuais para uma vasta gama de materiais, produtos, sistemas e serviços, o que a torna um ator-chave na garantia de qualidade global. As normas ASTM são particularmente essenciais numa variedade de sectores, como a construção, a energia, o ambiente e a exploração mineira. Desenvolvidas por especialistas e profissionais, estas normas reflectem os últimos avanços tecnológicos e as melhores práticas no terreno. Na engenharia geológica, as normas ASTM fornecem métodos de ensaio rigorosos para a avaliação de vários materiais, como o betão, os solos e as rochas. Estes métodos incluem o ensaio de resistência à compressão, que avalia a capacidade de um material para suportar cargas axiais, garantindo assim a resistência das estruturas. O ensaio de permeabilidade mede a capacidade de um solo ou rocha para permitir a passagem de água através dele. Esta informação é crucial para a gestão dos recursos hídricos e a prevenção da poluição. Por fim, as análises químicas permitem avaliar a composição dos materiais, essencial para a identificação das propriedades geotécnicas e ambientais. A aplicação das normas ASTM assegura igualmente a comparabilidade dos resultados dos ensaios entre diferentes laboratórios. Esta uniformidade é essencial em contextos críticos em que decisões como o projeto de fundações ou a avaliação de riscos naturais se baseiam em dados geológicos. Estabelece uma linguagem comum entre os profissionais, facilitando a compreensão e a interpretação dos resultados.

8.2 Normas API

Ao mesmo tempo, as normas do American Petroleum Institute (API), criadas em 1919, regem as práticas e as tecnologias no sector do petróleo e do gás. Estas normas abrangem todos os aspectos da indústria, desde a exploração até à produção e distribuição de petróleo e gás. As normas API são fundamentais para garantir operações seguras e sustentáveis. Incluem especificações para a avaliação geológica e geofísica dos reservatórios, ajudando a definir as configurações e propriedades dos reservatórios, que são cruciais para uma extração eficiente. As normas API também abordam a integridade das condutas, definindo métodos para minimizar o risco de fugas e falhas, eventos que podem levar a consequências ambientais desastrosas. As práticas de extração são abrangidas pelas especificações relativas à perfuração e à conclusão de poços, assegurando que os métodos utilizados cumprem as melhores práticas em termos de segurança e sustentabilidade.

A conformidade com estas normas permite às empresas não só garantir a segurança das suas operações, mas também cumprir os regulamentos governamentais. Também proporcionam um enquadramento para a inovação tecnológica, encorajando a adoção de novos métodos para melhorar a eficiência e reduzir os riscos associados às operações de petróleo e gás.

8.3 Protocolo dos geólogos e avaliação dos recursos

Os protocolos de avaliação dos recursos geológicos são documentos essenciais que estabelecem critérios precisos para a quantificação e classificação dos recursos geológicos, incluindo minérios, hidrocarbonetos e materiais de construção. Estes protocolos seguem normas reconhecidas internacionalmente, definindo os requisitos para a divulgação de informações sobre recursos minerais.

8.4 Abordagem Sistemática

As avaliações de recursos requerem uma abordagem sistemática, envolvendo a recolha de dados geológicos, geoquímicos e geofísicos. Os protocolos especificam métodos de amostragem, técnicas de análise e modelos de estimativa de recursos, assegurando que as estimativas são feitas de forma objetiva e transparente. Isto é crucial para a tomada de decisões sobre o investimento e o desenvolvimento de projectos mineiros.

8.5 Documentação e transparência

Para além disso, estes protocolos exigem a documentação completa dos resultados, permitindo uma revisão crítica pelos pares e garantindo a rastreabilidade dos dados. Ao aderir a estas normas, os geólogos podem fornecer relatórios fiáveis que apoiam a viabilidade económica dos projectos. Isto contribui para a gestão responsável dos recursos naturais, assegurando que as decisões se baseiam em dados exactos e verificáveis. Na engenharia geológica, as normas desempenham um papel crucial na garantia da qualidade, segurança e sustentabilidade das práticas industriais. As normas ASTM e API, em particular, são pilares fundamentais para a avaliação e exploração dos recursos geológicos, contribuindo para a proteção ambiental e a segurança operacional.

As normas ASTM, com os seus rigorosos métodos de ensaio, fornecem uma base científica sólida para a análise de materiais como solos, rochas e betão. Permitem que os engenheiros geológicos tomem decisões informadas. para a conceção e instalação de estruturas, garantindo que estas cumprem os requisitos de resistência e durabilidade. Ao promover a comparabilidade dos resultados entre diferentes laboratórios, as normas ASTM também incentivam uma colaboração eficaz entre os profissionais do sector, o que é essencial num domínio em que as decisões críticas se baseiam em dados precisos.

Ao mesmo tempo, as normas API, com o seu vasto alcance na indústria do petróleo e do gás, garantem operações seguras e estimulam a inovação tecnológica. Ao definir critérios para a avaliação geológica dos reservatórios e a integridade das condutas, minimizam os riscos ambientais e reforçam a responsabilidade empresarial. Ao incorporar estas normas nas suas práticas, os intervenientes da indústria não só cumprem os regulamentos, como também contribuem para a evolução para métodos de extração mais sustentáveis e eficientes.

Por último, os protocolos estabelecidos para a avaliação dos recursos geológicos garantem que as estimativas de recursos sejam efectuadas de forma sistemática e transparente. Isto é essencial para a tomada de decisões estratégicas no desenvolvimento de projectos mineiros e na atração de investimento. Ao assegurar uma documentação rigorosa e promover uma abordagem objetiva, estes protocolos reforçam a confiança das partes interessadas e apoiam a gestão responsável dos recursos naturais. Em suma, a adesão a estas normas e protocolos é essencial para estabelecer um quadro de trabalho que dê prioridade à segurança, sustentabilidade e transparência. Isto não só ajuda a enfrentar os actuais desafios da engenharia geológica e da indústria de recursos, como também abre caminho para a futura exploração de recursos que respeite os requisitos económicos e ambientais. As normas, tais como as estabelecidas pela ASTM e API, bem como os protocolos para geólogos, são, portanto, bases essenciais sobre as quais assenta o futuro deste sector vital.

CAPÍTULO 9

HARMONIZAÇÃO DAS NORMAS DE DECLARAÇÃO DOS RECURSOS MINERAIS E PERSPECTIVAS PARA A RDC

A importância das normas e padrões na declaração dos recursos minerais não pode ser subestimada. Desempenham um papel vital na promoção da transparência, da credibilidade e da confiança dos investidores no sector mineiro, que enfrenta frequentemente desafios consideráveis. Num contexto mundial em que a procura de recursos minerais está a aumentar constantemente, é essencial que os países ricos em recursos, como a República Democrática do Congo, se dotem igualmente de quadros regulamentares.

A RDC, com as suas vastas reservas minerais, é um dos países mais promissores para a exploração mineira. No entanto, a ausência de normas claras e coerentes para a exploração e avaliação dos recursos minerais conduz a disparidades e a uma falta de confiança entre os investidores. Esta situação é agravada por deficiências estruturais, tais como normas incoerentes, transparência limitada e insuficiente capacidade de formação local. Num país onde os recursos são simultaneamente uma oportunidade de desenvolvimento e uma potencial fonte de conflito, é imperativo estabelecer um quadro regulamentar que possa garantir não só a avaliação exacta dos recursos, mas também a governação responsável e sustentável dos mesmos. Este capítulo analisa as normas internacionais de informação sobre recursos minerais, incluindo JORC, NI 43-101, SAMREC e CRIRSCO, e examina a situação atual na RDC, os desafios que enfrenta, e oferece algumas sugestões para melhorar a situação. Ao adotar as melhores práticas internacionais e ao mesmo tempo adaptá-las às realidades locais, a RDC pode não só aumentar o valor dos seus recursos minerais, mas também reforçar a confiança dos investidores, promover a transparência e assegurar um desenvolvimento sustentável para os seus cidadãos.

9.1. Apresentação de normas e padrões

As normas e diretrizes para a avaliação dos recursos minerais, tais como JORC, NI 43-101, SAMREC e CRIRSCO, desempenham um papel vital no estabelecimento da transparência e da confiança na indústria mineira. No entanto, podem ser introduzidas melhorias para aumentar a sua eficácia e adoção a nível mundial. Em primeiro lugar, é essencial estabelecer orientações nacionais destinadas a reduzir a subjetividade no processo de avaliação dos recursos. A variabilidade nas interpretações e abordagens pode levar a inconsistências, tanto nos relatórios como na confiança dos investidores. Devem ser organizados seminários de formação para sensibilizar as partes interessadas, incluindo geólogos, engenheiros e analistas, para as melhores práticas e as normas internacionais existentes. Estes seminários promoveriam um entendimento comum e uma aplicação coerente das diretrizes, contribuindo para reforçar a credibilidade das avaliações. Em segundo lugar, a simplificação dos processos de avaliação e dos requisitos de divulgação de acordo com a dimensão do projeto é outra melhoria fundamental a considerar. Atualmente, os requisitos podem parecer demasiado pesados para os projectos mais pequenos, desencorajando a exploração e o desenvolvimento de novos depósitos. Ao introduzir um quadro proporcionado, as empresas mais pequenas e os projectos emergentes poderão beneficiar de uma abordagem mais ágil, permitindo-lhes concentrar-se na exploração e na inovação sem serem sobrecarregados por obrigações administrativas desproporcionadas.

Ao incorporar flexibilidade suficiente para avaliar uma variedade de recursos, seria possível adaptar as metodologias às circunstâncias geológicas e económicas específicas de cada projeto. Isto não só encorajaria a inovação, como também permitiria refletir melhor a realidade dos projectos no terreno, mantendo ao mesmo tempo um quadro de avaliação rigoroso.

O desenvolvimento de ferramentas de implementação normalizadas e a promoção de estudos de casos que ilustrem aplicações bem sucedidas são essenciais para a adesão às normas. A criação de guias práticos e de software específico poderia facilitar a aplicação das diretivas, proporcionando simultaneamente um quadro de referência para os profissionais. Os estudos de casos, por sua vez, serviriam de modelos inspiradores, demonstrando como as empresas navegaram com êxito no processo de avaliação, respeitando as normas estabelecidas. Isto encorajaria outros a seguirem as melhores práticas e a efectuarem avaliações responsáveis e transparentes. Em suma, ao combinar estas melhorias, orientações claras, obrigações, reconhecimento internacional flexível e ferramentas de implementação normalizadas, podemos não só reforçar a validade das avaliações de recursos, mas também estimular a inovação e a sustentabilidade na indústria mineira. Estes esforços concertados contribuirão para um futuro em que a transparência e a confiança estão no centro das actividades de prospeção e exploração mineira.

9.2. Situação na República Democrática do Congo

A República Democrática do Congo possui uma grande riqueza de recursos minerais, que representam um potencial económico considerável. No entanto, o país enfrenta grandes desafios na gestão destes recursos. A ausência de normas claras e coerentes para a exploração e avaliação dos recursos minerais complica a tarefa do governo. Esta situação dificulta a gestão eficaz dos recursos, criando um clima de incerteza para os investidores.

9.2.1. Pontos fracos Atual

As deficiências do sistema atual podem ser resumidas em vários pontos. Em primeiro lugar, a incoerência na adoção das normas torna difícil a compreensão e a aplicação das boas práticas. Os investidores, que não têm confiança, podem ser desencorajados pela falta de informações muito fiáveis sobre os projectos mineiros, o que pode também prejudicar a reputação do país no mercado mundial. Além disso, a capacidade local de sensibilização para as normas internacionais é insuficiente, o que limita a apropriação das normas exigidas pelos operadores económicos.

9.2.2. Sugestões para melhorar a situação na RDC

Para ultrapassar estas deficiências, podem ser implementadas várias sugestões para criar um quadro regulamentar sólido e incentivar o desenvolvimento sustentável dos recursos minerais.

a. Estabelecimento de um quadro de normas locais

É essencial estabelecer um quadro sólido de normas locais com base nas melhores práticas internacionais. A RDC poderia adotar normas como a JORC, NI 43-101, SAMREC e CRIRSCO para desenvolver um código de avaliação nacional. Esta abordagem exigiria uma adaptação às realidades locais, tendo em conta os diversos contextos geológicos, ambientais, económicos e sociais do país. Além disso, seria necessário envolver todas as partes interessadas, incluindo o governo, as empresas, as ONG e as comunidades locais, no desenvolvimento deste quadro para garantir a sua eficácia e aceitação.

b. Reforço das capacidades locais

O reforço das capacidades locais é outra pedra angular desta estratégia. A organização de cursos de formação profissional sobre as normas internacionais para os profissionais do sector mineiro é essencial. Além disso, poderiam ser iniciadas parcerias com instituições académicas para integrar estas normas nos programas de formação. Seria igualmente benéfico sensibilizar as comunidades locais para os desafios da transparência e da exploração dos recursos, para que possam desempenhar um papel ativo no processo.

c. Implementação de um sistema de controlo e de elaboração de relatórios

A criação de um sistema de controlo e de informação é igualmente essencial. Poderá ser criada uma agência de controlo específica para supervisionar as actividades mineiras e garantir o cumprimento das normas estabelecidas. É essencial implementar mecanismos de comunicação obrigatória para as empresas, incentivando-as a apresentar relatórios regulares sobre as suas actividades de exploração e avaliação de minerais. A transparência dos dados deve ser uma prioridade, com esforços para tornar públicos determinados relatórios e o desempenho das empresas.

d. Promover a transparência

A promoção da transparência é essencial para aumentar a confiança dos investidores. A criação de uma plataforma de informação pública poderia permitir a publicação dos resultados das avaliações e estudos de impacto ambiental e comunitário. A criação de indicadores de sustentabilidade ajudaria a medir e a monitorizar o impacto dos projectos mineiros. O empenhamento dos parceiros internacionais será também crucial para colaborar no estabelecimento de normas de transparência e na sua aplicação.

e. Trabalhar com investidores

Por último, deve ser encorajada a colaboração com os investidores. Isto poderia incluir incentivos fiscais para as empresas que cumprem as normas, bem como a criação de um rótulo de certificação para as empresas cumpridoras para reconhecer os seus esforços. A promoção de parcerias de longo prazo que incorporem princípios de sustentabilidade assegurará um quadro conducente ao investimento responsável e ao crescimento económico. Encerramos este capítulo sobre a harmonização das Normas de Declaração de Recursos

Minerais e Perspectivas para a RDC com o seguinte: A harmonização das normas para a declaração de recursos minerais é uma questão fundamental para a República Democrática do Congo, um país rico em recursos mas que enfrenta desafios significativos em termos de transparência e confiança dos investidores. Este capítulo sublinhou a importância de estabelecer um quadro de normas sólido que integre as melhores práticas internacionais e tenha em conta as especificidades locais. Normas como a JORC, NI 43-101, SAMREC e CRIRSCO oferecem modelos valiosos que, uma vez adaptados, poderiam contribuir significativamente para o desenvolvimento do sector mineiro na RDC. Identificámos uma série de pontos fracos no sistema atual, incluindo normas inconsistentes, falta de sensibilização e capacidade local insuficiente. Se não forem resolvidas, estas questões continuarão a prejudicar a reputação da RDC no mercado global e a atrasar o investimento necessário para transformar o seu potencial mineiro numa realidade económica. Em resposta a estes desafios, foram apresentadas sugestões concretas, que vão desde o estabelecimento de um quadro normativo local até à promoção da transparência e da colaboração com os investidores. Em conclusão, a República Democrática do Congo tem a oportunidade de estabelecer um quadro regulamentar destinado a desenvolver os seus recursos minerais, promovendo simultaneamente um desenvolvimento sustentável e equitativo para a sua população. Reforçando as capacidades locais, instaurando sistemas de controlo e de informação e promovendo uma maior transparência, o país poderá criar um ambiente propício ao investimento responsável. Isto permitir-lhe-á transformar os seus recursos naturais em alavancas de desenvolvimento económico, assegurando simultaneamente uma governação esclarecida que beneficie a sociedade no seu conjunto. O empenhamento das partes interessadas, incluindo o governo, as empresas e a sociedade civil, será crucial para alcançar esta visão e construir um futuro em que a riqueza mineral do país seja gerida de uma forma sustentável e benéfica para todos. Esta questão será explorada em profundidade no próximo capítulo.

CAPÍTULO 10

PARA O ESTABELECIMENTO DE UM QUADRO DE NORMAS CONGOLESAS PARA A ELABORAÇÃO DE RELATÓRIOS SOBRE O SECTOR MINEIRO

A República Democrática do Congo é, indiscutivelmente, um dos países mais ricos do mundo em termos de recursos minerais. Os vastos depósitos de minerais como o cobalto, o cobre, o ouro, o lítio, a colombo-tantalite e os diamantes não só representam um potencial económico considerável, como também oferecem uma oportunidade única de desenvolvimento sustentável para o país. No entanto, para tirar o máximo proveito destes recursos, é vital estabelecer um quadro regulamentar para a apresentação e arquivo de relatórios técnicos, garantindo que a informação sobre os recursos minerais é exacta, baseada em estudos verificáveis e de elevada qualidade. Isto garantirá a fiabilidade da informação fornecida aos investidores. É neste contexto que uma Norme Congolaise pour le Reporting Minier (NCRM) poderia desempenhar um papel essencial.

10.1. Objectivos do NCRM

Proteção dos investidores

A proteção dos investidores é necessária para atrair capitais estrangeiros para o sector mineiro congolês. Isto implica a criação de um quadro que garanta a fiabilidade e a verificabilidade das informações sobre os recursos minerais.

Garantir a transparência e a integridade

Garantir a transparência e a integridade é essencial para criar um ambiente favorável ao investimento. Por conseguinte, é necessário promover uma comunicação clara e precisa das informações, tendo simultaneamente em conta as questões socioculturais e ambientais.

Promover o desenvolvimento sustentável

A incorporação de questões socioculturais e ambientais nos relatórios ajuda a garantir que os projectos mineiros não prejudicam o ambiente ou as comunidades locais. Os estudos de casos de projectos mineiros amigos do ambiente, que conseguiram equilibrar a rentabilidade económica com a preservação dos ecossistemas, poderiam servir de referência. O NCRM poderia incentivar as empresas a adotar práticas sustentáveis de gestão dos recursos naturais.

10.2. Princípios orientadores

Clareza e simplicidade

Para que a norma seja eficaz, deve ser fácil de compreender, mesmo para as pequenas empresas que nem sempre dispõem dos recursos de uma grande multinacional. Por conseguinte, a criação de guias práticos e de modelos de relatórios simplificados poderia ajudar estas empresas a cumprir os requisitos da norma sem incorrer em custos excessivos.

Flexibilidade e inovação

A norma deve permitir que as empresas se adaptem aos desenvolvimentos tecnológicos, como a utilização de software ou plataformas de gestão de dados minerais. relatórios digitais.

Harmonização

O NCRM deve alinhar-se com as normas internacionais. Isto facilitará a comparação dos projectos congoleses com os de outros países, atraindo investidores internacionais que procuram transparência e relatórios rigorosos.

10.3. Elementos-chave da norma

Qualificações de peritos

É essencial estabelecer critérios de qualificação para os peritos envolvidos na elaboração de relatórios. Isto poderia incluir certificações específicas para geólogos, engenheiros de minas e especialistas ambientais. Para tal, a criação de um registo nacional de peritos certificados garantiria que apenas pessoas qualificadas e competentes realizassem estudos e relatórios. É neste contexto que os organismos profissionais, em particular a Ordre National des Géologues de la RDC (OGRDC), desempenharão um papel fundamental.

Relatórios normalizados

A adoção de formatos de relatório uniformes facilitaria a comparação de projectos e garantiria a coerência na apresentação da informação, pelo que uma plataforma em linha onde as empresas apresentassem relatórios normalizados poderia simplificar a análise dos dados pelos investidores.

Indicadores de desempenho

O desenvolvimento de indicadores claros, por exemplo, indicadores de sustentabilidade como as emissões de CO2 por tonelada de minério extraído ou a taxa de recuperação dos sítios mineiros, permitiria avaliar o desempenho dos projectos não só do ponto de vista económico, mas também do ponto de vista social e ambiental.

10.4. Mecanismos de aplicação

Formação e sensibilização

Poderiam ser organizados workshops e seminários de formação para sensibilizar as empresas e os peritos para os requisitos da NCRM. Como resultado, poderiam ser criados programas de formação em colaboração com universidades locais para formar a próxima geração de profissionais do sector mineiro.

Controlo e avaliação

A criação de um organismo regulador independente poderia controlar a aplicação da norma. Este regulador poderia também ser encarregado de efetuar auditorias regulares e publicar relatórios sobre o cumprimento das normas por parte das empresas mineiras.

Plataforma de relatórios

O desenvolvimento de uma plataforma digital específica permitiria harmonizar a apresentação dos relatórios e garantir a sua acessibilidade. Os investidores poderiam então consultar facilmente a informação apresentada pelas empresas, promovendo assim a transparência e a responsabilização.

10.5. Integração de questões locais

Impacto sociocultural

As avaliações de impacto sociocultural devem ter em conta as tradições e os valores das comunidades locais. A participação dos líderes comunitários no processo de avaliação pode ajudar a identificar os potenciais impactos dos projectos mineiros na cultura local e a desenvolver estratégias de atenuação adequadas.

Participação comunitária

É essencial incentivar as empresas a dialogar com as comunidades locais. Iniciativas como os conselhos consultivos comunitários ou os programas de parceria podem criar confiança e permitir às empresas compreender melhor as preocupações das populações locais.

10.6. Revisão e atualização da norma

Processo de Melhoria Contínua

A introdução de um processo formal de revisão da norma de 3 em 3 ou de 5 em 5 anos, com base nas reacções dos utilizadores e na evolução do sector, garantirá que a norma se mantenha relevante. Em conclusão, a introdução da Norme Congolaise pour le Reporting Minier (NCRM) é uma iniciativa salutar para a República Democrática do Congo, um país repleto de riquezas minerais. Ao estabelecer um quadro regulamentar para a comunicação e a transparência da informação sobre os recursos minerais, a NCRM visa reforçar a confiança dos investidores, garantindo simultaneamente uma gestão ética e sustentável do sector mineiro.

Neste contexto, o Ordre National des Géologues de la République Démocratique de Congo pode desempenhar um papel muito importante na aplicação desta norma. Enquanto organismo regulador e profissional, o Ordre já adoptou uma série de medidas em conformidade com esta visão. A sua contribuição será essencial para a conceção da norma e para garantir que os critérios de qualificação dos peritos, os indicadores de desempenho e os relatórios normalizados sejam respeitados, reforçando assim a credibilidade dos dados. Ao integrar as questões locais e incentivar a participação das comunidades no processo de tomada de decisões, o MRN pode iniciar um diálogo construtivo entre o governo, as empresas e as populações afectadas, promovendo assim práticas mineiras respeitadoras. Além disso, o processo de melhoria contínua da norma garantirá que esta se mantém relevante face às mudanças no sector. Desta forma, a Norme Congolaise de Reporting Minier (NCRM) representará não só um vetor de confiança para os investidores, mas também uma alavanca para a promoção de um desenvolvimento mineiro sustentável e responsável na RDC. Ao adotar as melhores práticas internacionais, a NCRM tem potencial para se tornar um modelo e uma referência para outros países da região, contribuindo assim para a gestão ética e sustentável dos recursos minerais.

CONCLUSÃO

Este livro tem como objetivo explorar o tema das normas utilizadas em geologia e na indústria mineira, destacando a sua importância fundamental na regulação e estruturação das práticas de prospeção e exploração de recursos naturais. Através de vários capítulos, analisámos a evolução histórica das normas, o seu âmbito de aplicação, bem como as normas específicas que regem o sector. Discutimos igualmente as normas internacionais e nacionais, as questões relacionadas com a transparência dos recursos minerais e as iniciativas destinadas a estabelecer regulamentos na República Democrática do Congo, nomeadamente a Norme Congolaise de Reporting Minier (NCRM). A primeira grande conclusão é que as normas, sejam elas sociais, ambientais ou técnicas, desempenham um papel fundamental no estabelecimento de um quadro ético e responsável para a exploração mineira. Não só garantem a segurança dos trabalhadores e das comunidades envolventes, como também contribuem para a sustentabilidade dos ecossistemas. Este facto é particularmente relevante num contexto global marcado pela crescente preocupação com o ambiente e o desenvolvimento sustentável. As empresas que adoptam rigorosamente estas normas podem melhorar a sua reputação, atrair investimentos e contribuir para um desenvolvimento económico equitativo. No que diz respeito à harmonização das normas de declaração de recursos minerais, tal como discutimos no capítulo sobre a República Democrática do Congo, é imperativo estabelecer um quadro de normas locais que incorpore as melhores práticas internacionais, tendo simultaneamente em conta as caraterísticas socioculturais, ambientais e económicas específicas do país. A criação do NCRM representa um passo significativo para este objetivo, fornecendo orientações claras em matéria de transparência, responsabilidade social e gestão de recursos. Tal poderá não só aumentar a confiança dos investidores, mas também melhorar a governação e a gestão da riqueza mineral em benefício da população local. Por outro lado, os desafios persistem. Normas inconsistentes, falta de sensibilização e capacidade local insuficiente são obstáculos que têm de ser ultrapassados para garantir a aplicação efectiva das normas estabelecidas. Para tal, é necessário o empenhamento colaborativo de todas as partes interessadas, incluindo o governo, as empresas e a sociedade civil. A consciencialização e a formação são essenciais para desenvolver a capacidade local e garantir uma compreensão completa dos requisitos das normas. Em suma, este livro sublinha a importância de uma abordagem integrada e holística das normas na indústria mineira. As normas não devem ser vistas apenas como requisitos regulamentares, mas como elementos estratégicos que, quando aplicados criteriosamente, podem conduzir à sustentabilidade, à responsabilidade social e à exploração eficiente e equitativa dos recursos. O caminho para uma exploração mineira sustentável, ética e benéfica para todas as partes interessadas é de armadilhas, mas a aplicação rigorosa das normas representa uma via promissora para atingir estes objectivos. Finalmente, numa altura em que o mundo enfrenta grandes desafios ambientais e sociais, o compromisso de respeitar e reforçar as normas na indústria mineira não é apenas uma necessidade, mas também uma oportunidade para construir um futuro em que a exploração dos recursos naturais possa dar um contributo real para o bem-estar das sociedades e para a preservação do nosso planeta.

BIBLIOGRAFIA

Artigos académicos e recensões

• Bisschop, L., & Kessler, A. (2016). International Mining Standards: An Overview of the Major Reporting Codes. Journal of Cleaner Production, 135, 1212-1221.

• Dinçer, I., & Tüzün, M. (2012). The role of standards in the mining industry (O papel das normas na indústria mineira). Política de Recursos, 37(4), 215-222.

• Deux, Béatrice, et al (2013). Les normes : Enseignements et pratiques. Presses Universitaires de France.

• Gavrilovic, M., et al. (2018). O papel das normas nas práticas mineiras sustentáveis: A Critical Review. Política de Recursos, 59, 60-69.

• Karl D. M. R. H. de L. V. Huberts, et al (2011). A exploração mineira e o ambiente: From Ore to Metal. Mineral Resources Review.

• Michaud, V., & Davidson, A. (2016). O futuro da mineração: Sustainable Practices in the 21st Century. Engenharia de Minas, 68(2), 31-37.

• Rhett, J., & Smith, J. (2018). O impacto da ISO 14001 nas operações de mineração: Um estudo de caso. Journal of Cleaner Production, 198, 135-144.

• Schmidt, S. P. C., et al (2018). Regulamentação da exploração mineira em África: Para as Pessoas, o Planeta e o Lucro. Fundações da Sociedade Aberta.

• W. K. B. G. Simon, et al (2020). Mineração, Meio Ambiente e Sociedade. Routledge.

Normas e padrões

• Instituto Americano do Petróleo (API). (2022). Normas API.

• ASTM International. (2023). Normas ASTM.

• Administradores canadianos de valores mobiliários (CSA). (2011). National Instrument 43-101: Normas de divulgação para projectos minerais.

• Organização Internacional de Normalização (ISO). (2015). ISO 9001: 2015 - Sistemas de gestão da qualidade - Requisitos.

• Organização Internacional de Normalização (ISO). (2015). ISO 14001: 2015 - Sistemas de gestão ambiental - Requisitos e orientação para uso.

• Organização Internacional de Normalização (ISO). (2018). ISO 31000: 2018 - Gestão de riscos - Princípios e diretrizes.

• JORC. (2012). Código JORC - Código Australasiano para a Comunicação de Resultados de Exploração, Recursos Minerais e Reservas de Minério.

• Comité de Recursos Minerais da África do Sul (SAMREC). (2007). Código SAMREC para a comunicação de recursos minerais e reservas minerais.

Livros especializados

• El Khoury, Rania (2018). Normas ISO e reflexões sobre a normalização. Várias editoras.

• Organização Internacional do Trabalho (OIT). (2017). Segurança e Saúde na Exploração Mineira: Um Guia para Gestores. Publicações da OIT.

• Jansen, J. (2020). Avaliação Geológica e Gestão de Recursos em Mineração. Wiley.

• Klohn, R. (2018).Gestão Ambiental no Setor Mineiro: Teoria e Prática. Routledge.

• MacDonald, A. (2016). A exploração mineira e o ambiente: From Ore to Metal. Cambridge University Press.

• Poudel, S., & Awasthi, A. (2020). Responsabilidade social das empresas na indústria mineira: A Global Perspective. T&F Books.

• Grupo do Banco Mundial (2019). Regulamentos sobre mineração: Melhores práticas para operações sustentáveis. Publicações do Banco Mundial.

Documentos oficiais

• Código Mineiro da República Democrática do Congo (2018). Lei n° 18/001 de 9 de março de 2018.

• Agência de Proteção do Ambiente (EPA). (2020). Desenvolvimento e implementação de um sistema de gestão ambiental.

• David Hunter, et al. (2020). International Environmental Law and . Foundation Press.

• Boulanger, Pascal. (2017). Normalização e gestão da qualidade. Edições EMS.

• IUCN. Mining and Biodiversity: A Review of the Challenges and Opportunities.

• Programa das Nações Unidas para o Ambiente (PNUA). (2021). Diretrizes ambientais para operações mineiras.

• Organização Mundial da Saúde (OMS). (2018).Saúde e Segurança Ocupacional na Indústria Mineira: Um Guia para Gestores.

Outras obras

• A. R. Partidário, et al (2000) Introdução à Avaliação de Impacte Ambiental. E & FN Spon.

• E. L. F. Wilkins (2015). A Lei de Mineração de 1872: Um Legado de Ambivalência. Harvard Law Review.

• Minerals Council of Australia (2017). Valor duradouro: A Framework for Sustainable Mining.

• Banco Mundial. O Grupo do Banco Mundial e o Quadro Ambiental e Social.

Webografia

Normas e organizações

• ISO - International Organization for Standardization (Organização Internacional de Normalização). www.iso.org https://www.iso.org;

• Canadian Securities Administrators. www.securities-administrators.ca https://www.securities-administrators.ca

• JORC - Comité Conjunto das Reservas de Minério. www.jorc.org http://www.jorc.org

• SAMREC - Comité de Recursos Minerais da África do Sul. www.samcode.co.za http://www.samcode.co.za

• CRIRSCO - Comité para as Normas Internacionais de Relato de Reservas Minerais. www.crirsco.com

http://www.crirsco.com

• SPEE - Sociedade de Engenheiros de Petróleo Especialistas. www.spe.org
https://www.spe.org

Recursos adicionais

• Banco Mundial - Visão geral da indústria mineirawww.worldbank.org/en/topic/mining

https://www.worldbank.org/en/topic/mining

• Minerals Council of Australia. www.minerals.org.au
https://www.minerals.org.au

• ASTM International. www.astm.org
https://www.astm.org

• Instituto Americano do Petróleo (API). zwww.api.org
https://www.api.org

• Código Mineiro da República Democrática do Congo,
Loi N°18/001du 09/03/2018 portant code minier
www.leganet.cd/Legislation/Droit%20economique/Code%20Miner/Loi.18.
001.09.03.2018.html.

MIX
Papier aus verantwortungsvollen Quellen
Paper from responsible sources
FSC® C105338

Printed by Books on Demand GmbH, Norderstedt / Germany